JN086508

イネ・米・ごはん大百科

監修 辻井良政
佐々木卓治

2

お米が
できるまで

イネ・米・ごはん大百科

② お米ができるまで

もくじ

農家の1年

マンガ お米はどうやってつくられるの？ ………… 4

米づくりカレンダー ………………………… 6

種もみをまく [3月下旬~5月上旬] ………… 8
　イネのひみつ もみのつくり ………… 8
　米づくりのくふう 種もみを田んぼに直接まく ………… 9

苗を育てる [3月下旬~5月上旬] ………… 10
　イネのひみつ イネの発芽と根・葉 ………… 10
　米づくりのくふう 「苗ふみ」で苗をきたえる ………… 11

田んぼの準備 [4月中旬~5月上旬] ………… 12
　農業機械図鑑 トラクター ………… 13
　米づくりのくふう 自然の力を生かした土づくり ………… 14

田植えをする [5月中旬] ………… 16
　農業機械図鑑 田植え機 ………… 16

田んぼの水の管理 [5月中旬~9月中旬] ………… 18
　イネのひみつ 分げつのしくみ ………… 18
　米づくりのくふう 進む水の管理の自動化 ………… 21

肥料をあたえる [6月中旬~7月中旬] ………… 22
　イネのひみつ 出穂・開花・受粉 ………… 23

雑草や病害虫からイネを守る [7月上旬~9月中旬] …… 24
　もっと知りたい！ 「特別栽培」と「有機栽培」 ………… 27
　米づくりのくふう 人と環境にやさしい米づくり ………… 28

お米を収穫する [9月下旬~10月上旬] ………… 30
　米づくりのくふう 米づくりは自然との戦い ………… 30
　農業機械図鑑 コンバイン ………… 30
　もっと知りたい！ 農作業の機械化と耕地整理 ………… 32
　やってみよう！ バケツでイネを育てよう！ ………… 34

ぼくたちといっしょに
米づくりについて学ぼう！

お米博士　　ダイチ　　メグミ

米づくりを続けるために

マンガ お米をつくる人が減っているの？ ……… 36

農家がかかえる問題 ……………… 38

これからの米づくり ………………… 40

　もっと知りたい！ 米づくりにかかわる政策・制度 ………… 42

　米づくりのくふう 最新技術で変わる米づくり ………… 44

さくいん ………………………………… 46

この本の特色と使い方

●『イネ・米・ごはん大百科』は、お米についてさまざまな角度から知ることができるよう、テーマ別に6巻に分け、体系的にわかりやすく説明しています。

●それぞれのページには、本文や写真・イラストを用いた解説のほかに、コラムや「お米まめ知識」があり、知識を深められるようになっています。

●本文中で（➡○巻p.○）とあるところは、そのページに関連する内容がのっています。

●グラフや表には出典を示していますが、出典によって数値がことなったり、数値の四捨五入などによって割合の合計が100％にならなかったりする場合があります。

●1巻p.44〜45で、お米の調べ学習に役立つ施設やホームページを紹介しています。本文と合わせて活用してください。

●この本の情報は、2020年2月現在のものです。

本文
各ページのテーマにそった基本的な内容をまとめてあります。

写真・イラスト解説
写真やイラストを用いて本文を補足しています。

コラム
米づくりのくふう
農家の人たちや企業のくふう、努力など、具体的な例を紹介しています。

お米まめ知識
学習の補足や生活の知恵など、知っていると役立つ情報をのせています。

コラム
もっと知りたい！
重要な内容や用語を掘り下げて説明しています。

コラム やってみよう！
実際に体験できる内容を紹介しています。

お米はどうやってつくられるの?

米づくり農家の人はどんな農作業をしているのかな?

おじいちゃんの家まであとどれくらい?

あと30分くらいかな

わあ～見て!田んぼだよ!

広～い!

あれ?おじさんが何かしているよ

草取りをしているのかな?

米づくりは大変そうだね

そうだよ米という漢字をよ～く見てごらん

米 → 八十八 → ハ十ハ

「八」と「十」と「八」が組み合わさってできているだろう?

昔からお米をつくるには88もの作業が必要だといわれているんだ

4

88 の作業？

田植えとか稲刈りとか？
昔は手作業だったって
聞いたことがあるよ

田植えや稲刈りの作業のほかに
どんな作業があるのかな？

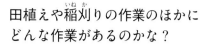

今は機械を使うようになって
作業は減ったのかな？

米づくりでは
どんなところが
大変なんだろう？

学校で野菜を
つくったときは
虫がたくさんついて
大変だったぞ

アブラムシガー!!
うじゃっ

ところでお米は
いつ種をまいて
いつとれるの？

農家の人たちは
おいしいお米を
つくるためのくふうも
しているのかな？

イネはふつう
春に種をまいて
秋に収穫するよ

もっと米づくりに
ついて知りたい？

あっ
お米博士！

秋にとれたばかりのお米を
「新米」っていうんだ

では
農家の1年を
見てみよう！

Let's GO!!

5

米づくりカレンダー

お米はイネという植物の実の部分です。ほとんどの地域では、春から秋までの7～8か月をかけて、お米がつくられています。

◯ イネの生長に合わせて農作業をおこなう

イネは1年に1回花を咲かせ、実をつける植物です。1年中暖かい沖縄県や鹿児島県など、1年に2回お米をつくる地域もありますが、ほとんどの地域では春に種をまいて、秋に収穫します。

米づくり農家は、おいしいお米がたくさんとれるよう、毎日イネのようすを見ながらイネを育てます。イネの生長に合わせて、田んぼの水量や水温の調整、栄養分の管理、除草、病気・害虫の予防など、さまざまな作業をおこないます。

葉が出る →p.10

▼約1か月で高さは約10cm、葉は3～5枚になる。

芽や根が伸びる →p.10

▼芽が伸び、土の中では根がはり始める。

イネの生長

もみ →p.8

▼イネの種になるもみを種もみという。

芽や根が出る →p.10

▼水分や温度の条件がそろうと、芽や根が出る。

3月　**4月**　**5月**

農家のおもな農作業

種もみをまく →p.8～9

◀機械を使って「種もみ」とよばれるイネの種を育苗箱にまく。

苗を育てる →p.10～11

◀ビニールハウスの中などで、温度や水の管理をしながら苗を育てる。

田んぼの準備 →p.12～15

◀苗が育ったら、田植えができるように、土をやわらかくするなど田んぼの準備をする。

田植えをする →p.16～17

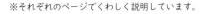

◀田植え機で田んぼに苗を植えていく。

※それぞれのページでくわしく説明しています。

▶花が咲いたイネ。夏の晴れた日の朝、ほんの数時間だけ花を咲かせる。

▲稲穂が頭を下げ、葉が黄金色になったら稲刈りの時期。

分げつが進む ➡p.18

▼夏のあいだは分げつが進み、どんどん生長する。

穂ができ花が咲く ➡p.23

▼分げつが終わると穂ができ、花が咲いて実ができ始める。

実が熟す ➡p.23

▼実が熟して重くなると、稲穂の頭が下がってくる。

収穫したお米は
JA（農業協同組合）の
カントリーエレベーター
やライスセンター
に運び、JAを通して
出荷されることが
多いよ（➡3巻p.6～9）

6月 7月 8月 9月 10月 11~2月

田んぼの水の管理 ➡p.18~21
イネの生長に合わせて、田んぼの水量や水温を調節する。

肥料をあたえる ➡p.22~23
イネの状態に合わせて肥料をまく。

雑草や病害虫からイネを守る ➡p.24~26

◀農薬を散布する。

お米を収穫する ➡p.30~31

▲コンバインで「稲刈り」や「脱穀」をおこなう。

次の年の準備をする
稲刈りのあと、農家では、農機具の手入れをするなどして次の年に備える。農家によっては、冬の田んぼの土づくりをしたり（➡p.15）、田んぼを活用してほかの作物をつくったりすることもある。

※病害虫とは、作物に被害をもたらす病気や害虫のこと。

種もみをまく

米づくりの1年は、春に「種もみ」とよばれる
イネの種を土にまくところから始まります。

▶種もみ

🄋 種もみの準備をする

　イネは、もみ（殻のついた状態のイネの実）か
ら育てます。とくに種として使うもみを「種もみ」
といい、農家の人は、春になると各都道府県にあ
る種子センターなどで育てたい品種の種もみを購
入し、種もみをまく準備を始めます。

　まず、種もみを塩水につけて、よい種もみとそ
うでないものに選別します。これを「塩水選」と
いいます。中身がなく、種もみとして使えないも
のは浮いてくるので、これを取りのぞきます。し
ずんだ種もみは「温湯消毒」し、その後、1週間
ほど水やお湯につけて1mmくらいまで芽を出さ
せます。これを「芽出し」といいます。

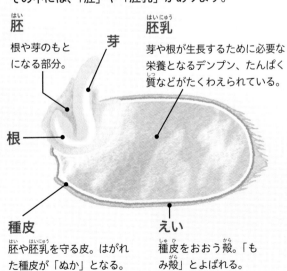

**「塩水選」で
よい種もみを選ぶ**

塩水に種もみをつけて、浮
いた種もみを取りのぞく。
しずんだものだけを使う。

イネのひみつ

もみのつくり

　もみは、「えい（もみ殻）」や「種皮」におおわれ、
その中には、「胚」や「胚乳」があります。

胚
根や芽のもと
になる部分。

芽

胚乳
芽や根が生長するために必要な
栄養となるデンプン、たんぱく
質などがたくわえられている。

根

種皮
胚や胚乳を守る皮。はがれ
た種皮が「ぬか」となる。

えい
種皮をおおう殻。「も
み殻」とよばれる。

**種もみを
「温湯消毒」する**

60〜65℃のお湯に種もみを10分前後ひたしたあと、冷水
で急激に冷やす。消毒液を使うこともある。

「芽出し」をする

種もみは、水分、酸素、
適度な温度という条件
がそろうと芽を出す。芽
出しには32℃くらいの
お湯にひたす方法などが
ある。

▲1週間ほどで芽が出た種もみ。

育苗箱に種もみをまく

芽出しをしているあいだに、土や苗を育てるために使用する育苗箱を用意します。一方、芽出しがすんだ種もみは、8時間ほど風で乾燥させます。土、育苗箱、芽出しをした種もみがそろったら、自動種まき機を使って種まきをします。

自動種まき機で種まき

自動種まき機では、深さ、密度を均等にまくことができる。ベルトコンベアの上に育苗箱をセットすると、移動しながら土や水、種もみが順番に入れられていく。

1
育苗箱と、肥料をまぜた土を用意する。

2
上部の容器の土が、育苗箱に入る。

育苗箱

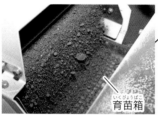

3
パイプの部分からシャワーのように水が出て、土がしめる。

シャワー

ベルトコンベアで運ばれるうちに、ブラシで土がならされ、深さがそろう。

4
上部の容器の種もみが、土の上にまかれる。

5
種もみの上にうすく土をかぶせ、ブラシでならす。

種まき完了！

米づくりのくふう

種もみを田んぼに直接まく

多くの農家が苗を育苗箱で育て、あとで田んぼに植えかえるのは、種もみを田んぼに直接まくと種もみが水に流されてしまったり、種のうちに鳥に食べられてしまったりするからです。しかし、最近では、米づくりにかかる手間や費用を減らすために、種もみに水中にしずみやすく、また鳥に食べられないようにするなどのくふうをほどこし、田んぼに直接まく方法も広がりつつあります。

▶鉄でコーティングした種もみ。重みによって水中で流れにくくなる。

▲直まき用の機械の開発も進んでいる。
（写真：井関農機株式会社）

じょうぶなイネを育てるために、種をまくとこ3から細かいくふうをしているよ！

お米まめ知識　育苗箱は、田んぼ10a につき約20箱が必要。1a は 10m×10m ＝ 100㎡で、田んぼなどの面積を表す単位だよ。1ha（100a ＝ 10,000㎡）の田んぼで米づくりをするなら、育苗箱200箱分必要だよ。

9

苗を育てる

芽や根が出てから田植えができる大きさになるまでのイネを、「苗」とよびます。苗はビニールハウスなどで育てます。

「種もみ」から「苗」へ

種もみは、じゅうぶんな水分と酸素、適度な温度が保たれることで、芽や根を伸ばし生長します。そのため、農家では、雨や風など天候の影響を受けにくく、水や温度の管理をしやすいビニールハウスなどで苗を育てます。各地域のＪＡ（農業協同組合）には、育苗センターという苗を育てる設備を備えているところがあり、ここに育苗箱をあずけて管理してもらうこともできます。

＼こんな方法も！／

屋外の田んぼや畑の一画を使って、苗を育てる方法もあります。この苗を育てる場所を「苗代」といいます。

苗代で育てる

苗代では、トンネル状の枠をつくってシートをかぶせたり、水にひたして水の保温効果を利用したりして温度調整をする。

芽や根の生長をうながす

種もみをまいた育苗箱にシートをかぶせることで保温や保湿ができる。

▲芽や根を出した種もみ。

イネのひみつ

イネの発芽と根・葉

乾燥してかたいもみは、水分をふくむと 1.2 倍くらいにふくらみ、さらに酸素、温度の条件がそろうと芽や根を伸ばし始めます。芽が生長すると、やがて葉が出て光合成を始めます。

▶根の細かいひげから、土の中の水分や養分を吸収するようになる。

▼余分な水分は芽から放出する。

◀葉は光合成を始める。

芽

▲えいが破れてまずは芽が出る。根が出るまでは胚乳の栄養を使って生長する。

▲続いて根も出る。約1週間で芽も根も1cm以上になる。

▲白っぽかった芽が伸び、葉が出て、根がはり始める。

▲約1か月で高さは10cmくらい、葉は3〜5枚になる。

じょうぶな苗に育てる

　苗の葉の1枚目が出るころになったら、おおっていたシートをはずし、苗を外の環境になれさせます。ビニールハウス内の温度や湿度は、側面などの窓を開閉することで調節し、昼間は室温を20〜25℃くらいに保ち、夜は15℃以下にならないよう管理します。この時期に、足りなくなった肥料をあたえる「追肥」もします。こうして、ずんぐりと太くてじょうぶな「よい苗」に育つよう、苗の育ちやすい環境をととのえます。

よい苗と悪い苗

○ **よい苗**
太くてずんぐりしている。根がはっていて寒さや病気に強く、倒れにくい。

× **悪い苗**
ひょろりと細長い。根が少なくて寒さや病気に弱く、倒れやすい。

米づくりのくふう 「苗ふみ」で苗をきたえる

　「苗ふみ」は、苗の上に板を置いてふんだり、苗の上から重いローラーをかけたりする方法です。こうすることで苗は一度倒れますが、苗はみずからの力で立ち上がりまっすぐ伸びようとして、根を強くはり茎が太くなります。これも、じょうぶな苗を育てるくふうのひとつです。

◀ローラーをかけて苗に刺激をあたえる。

（写真：株式会社美善）

ときには苗にとってきびしい環境をつくることで、苗が強くなるんだね！

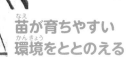

苗が育ちやすい環境をととのえる

毎日苗に水をやり、温度や湿度の管理、追肥などをする。

▲生長する苗。葉の先端の水滴は、放出された余分な水分。

お米まめ知識　苗づくりは米づくりのなかでもとても重要な作業。昔から「苗半作」といって、苗がじょうぶに育てば、米づくりの半分は成功したようなものだといわれているよ。

11

田んぼの準備

ビニールハウスなどで苗を育てているあいだに、
田植えができるように田んぼの準備を始めます。

○ 土をととのえ田に水を入れる

　前年の稲刈りのあと使っていなかった田んぼは、土がかたく、栄養バランスが悪くなっています。そこでまず、イネが育ちやすいよう田んぼの土づくりをします。よいお米を得るためには、土づくりは大切な作業です。

　土の栄養バランスをととのえるためには、田んぼに肥料をまきます。そして、肥料をまぜこみながら田んぼの土を掘り起こす「田おこし」をします。その後、田植えの時期が近づいたら、田んぼに水を入れ、土と水をまぜる「代かき」をします。

イネが育ちやすい土

栄養のバランスがよく、微生物が豊富なこと、また、やわらかく適度に水はけがよいことが重要です。地域によって土の性質がちがうため、それぞれ足りないところをおぎなう土づくりをします。

微生物（バクテリア）のえさとなる有機物が豊富。微生物が増えると有機物が分解され、イネの栄養になる。

やわらかく、水はけがよい。こうした土は、栄養や水分を適度に保ちやすい。

チッソ、リン酸、カリ（カリウム）などの栄養がバランスよくふくまれる。
・チッソ…茎や葉の生長を助ける
・リン酸…茎を増やし、実りをよくする
・カリ…根をじょうぶにし、栄養を運ぶ

田んぼに肥料をまく

トラクターの後部からふき出す肥料が、田んぼにまんべんなくまかれる。

（写真：株式会社クボタ）

▲肥料には、わらなどを発酵させてつくる「たい肥」や化学肥料がある。写真はたい肥。

「田おこし」をする

苗がよく根づくよう土を12～15cm
くらいの深さまで掘り起こす。雨の日
をさけ、土が乾いているときに作業
する。

（写真：株式会社クボタ）

田んぼに水を入れる

給水バルブをあけ、用水路から田ん
ぼに水を引き入れる（➡p.20）。

「代かき」をする

土と水をよくまぜ、水の深さが均一
になるよう平らにととのえる。

（写真：株式会社クボタ）

田おこしも代かきも
土や栄養の状態を
均一にしイネが
むらなく育つように
するための作業だよ

農業機械図鑑

トラクター

　トラクターは、でこぼこし
たやわらかい土の上でも走り
やすいよう、凹凸のある車輪
やキャタピラを備えた動力車
です。作業機械を付けかえる
ことで、さまざまな作業がで
きるようになっています。

（写真：株式会社クボタ）

肥料をまく

容器の中の肥料が回
転する羽根車ではね飛
ばされ、まんべんなく
肥料がまかれる。

田おこしをする

「ロータリー」とよば
れる刃が高速回転し、
土が掘り起こされる。

ロータリー

代かきを
する

回転する刃によってまぜられた土が、
作業機械の後部でならされ平らになる。

**お米
まめ知識**
育てているあいだに足りなくなった栄養をおぎなう肥料は「追肥」という。これに対して、種まきや田
植えの前に土にまぜておく肥料のことを「元肥」というよ。

米づくりのくふう 自然の力を生かした土づくり

お米を育てる土づくりに、昔からの知恵で、生物など
自然の力を生かす方法が取り入れられています。

見直される循環型農業

米づくりでは、お米を収穫したあとにわらやもみ殻が残ります。これらを家畜のえさや敷きわらなどに利用し、そのわらや家畜のふん尿で「たい肥」や「きゅう肥」をつくって米づくりに利用するというように、資源をくり返し使って農産物を生産する方法を「循環型農業」といいます。

日本では、約400年前の江戸時代からこのようなしくみを生かして農業をおこなってきましたが、農薬、化学肥料や農業機械が発達し、生産性や省力化が重視されるようになりました。しかし、近年、環境にやさしく、安心して食べられるお米が生産できる循環型農業が見直され、取り組む農家が増えています。

※「たい肥」はわらやもみ殻で、「きゅう肥」は、わらなどに牛や鶏などのふん尿をまぜ、発酵させてつくる肥料。どちらも土の中で分解されて有機物になり、微生物やミミズなどの生きものを増やして、やわらかく豊かな土をつくる。

循環型農業のしくみ

米づくり農家

わら・もみ殻
イネのわらやもみ殻を家畜のえさや敷きわらなどに使う。

米
米づくり農家が生産したお米を、消費者が食べる。

たい肥・きゅう肥
生ゴミやふん尿でつくった肥料を米づくりに使う。

飼料
野菜のくずなどから家畜のえさをつくる。

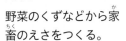

ふん尿
家畜のふん尿をきゅう肥の材料にする。

畜産農家

消費者

生ゴミ
お米や畜産物を調理して出た生ゴミを、肥料や飼料の材料にする。

畜産物
畜産農家が生産した畜産物を、消費者が食べる。

生物の力で地力を高める

　米づくりをするなかで、もっとも自然の力が生かされるのは土づくりです。化学肥料を使うと手軽に土づくりができ便利ですが、化学肥料には環境に悪い影響をあたえる成分がふくまれているものもあり、使い続けると作物が育たない土になってしまいます。

　そこで、たい肥やきゅう肥を利用するほか、生物の力を借りて、化学肥料をできるだけ使わずに土づくりをするのです。土の中には、もともとミミズや微生物など、土を耕しやわらかくしてくれる生物がいます。これらが増えるようなくふうをし、地力（土が作物を育てる力）を高めます。

レンゲ農法は
1970年代まで
さかんにおこなわれていて、
春の田んぼで子どもたちは
花輪をつくったりして
遊んだよ！

「不耕起栽培」で土を豊かにする

日本不耕起栽培普及会

　「不耕起栽培」は、田んぼを耕さずにお米などの作物を育てる方法です。田んぼにできるだけ人の手を加えないことで、生物がもともと持っている生命力を最大限に引き出し、豊かな土壌をつくり出します。イネは耕さないかたい土の中で根をはろうとして強くなり、人にとっては耕す手間がかからないというよさもあります。

　日本不耕起栽培普及会では、不耕起栽培と稲刈り後の田んぼに水を入れたままにする「冬期湛水（冬水たんぼ）」を組み合わせて、生きものがいっぱいの田んぼでの米づくりをめざしています。

「レンゲ農法」で土の成分をととのえる

筑波農場（茨城県つくば市）

　稲刈り後の田んぼにレンゲの種をまいて育て、田おこしのときに田んぼにすきこむ方法を「レンゲ農法」といいます。レンゲは空気中のチッソをイネの生長に必要な化合物に変える性質があるため、化学肥料を使わずに土の中の栄養をととのえることができます。良質な水が流れこむ筑波山麓で米づくりをする筑波農場では、レンゲ農法を取り入れ、常陸小田米というお米を生産しています。

▲トラクターでレンゲを田んぼにすきこむ。
（写真：筑波農場）

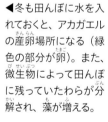

▶春に花を咲かせるレンゲ。

◀冬も田んぼに水を入れておくと、アカガエルの産卵場所になる（緑色の部分が卵）。また、微生物によって田んぼに残っていたわらが分解され、藻が増える。

▶田植えのようす。耕さず前年の稲株や雑草があるかたい田んぼの土に穴をあけて、成苗（葉が6、7枚になるまで育った苗）を植える。
（写真：日本不耕起栽培普及会）

田植えをする

苗が育ち、田んぼの準備ができたら、
苗を田んぼに植え付ける「田植え」をします。

▶田植えができる大きさに生長した苗。

初夏におこなわれる田植え

初夏、苗が高さ10cm以上、葉が3〜5枚くらいになったら田植えをするのにちょうどよい時期です。まず、育苗箱を田んぼに運び、田植え機にセットします。そして、田植え機に苗を植える深さ、株の間隔などを設定し、田んぼに田植え機を入れます。

田植え機は、次つぎに決まった深さ、間隔で苗を3〜4本ずつまとめて植えていきます。一般的な大きさの田植え機でできる田植えは、1日に100aほどで、農家は、田んぼの広さに合わせて、1〜3日かけて田植えをします。

農業機械図鑑

田植え機

補給用の苗を置く台　　苗乗せ台
車輪

田植え機は、凹凸のある車輪で田んぼの中でも安定して進むことができるようにできています。後部の苗乗せ台に苗を乗せると、植え付けづめが回転して1株（3〜4本）ずつ苗をつまみとり、田んぼに植え付けていくしくみです。

（写真：株式会社クボタ）

●植え付けのようす

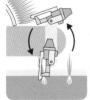
1 植え付けづめが苗をはさむ

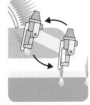
2 苗をはさんだまま回転する

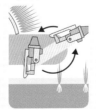
3 田んぼに植え付ける

育苗箱を運ぶ
育苗箱ごとトラックに積むなどして、田んぼまで運ぶ。

苗を田植え機にセットする
育苗箱から取り出した苗を、「苗のせ台」や補給用の苗を置く台に乗せる。

田植え機で苗を植える

田んぼの端から端まで、何度も往復しながら苗を植えていく。

（写真：株式会社クボタ）

昔ながらの田植えの方法

山間の棚田など田植え機を使いにくい場所や、田んぼの端など田植え機でうまく植えられなかったところは、手で苗を植えています。

苗をまっすぐな
列で植えると
あとでいいことがあるよ。
どんなことかな？

（答えはp.24を見て
考えてみよう！）

手作業で苗を植える

田植え機が普及する1970年代ころまでは、田植えはすべて手作業でおこなわれ、家族や近所の人たちがみんなでおこなう大変な作業だった（➡p.32）。

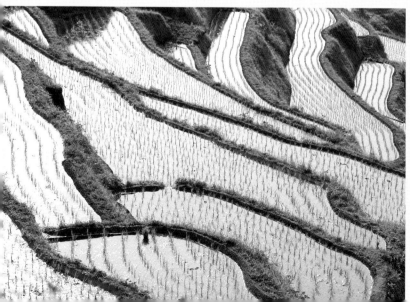

◀田植えが終わった棚田。

17

田んぼの水の管理

田植えのあとは、イネの生長や天候に合わせて、田んぼの水の管理をします。

○ イネの生長に合わせて水量を調整する

イネは土の中の栄養がとけこんだ田んぼの水を、根から吸収して生長します。田植え後に根をはる時期から、「分げつ」といって新しい茎や葉が増える時期、そして穂が出て実が熟するまで、イネに必要な水量は変化します。そのため、農家の人はイネのようすを観察しながら、こまめに水量を調節します。途中、株と株のあいだに溝を掘り土を乾かしやすくする「作溝」や、田んぼの水をぬいて乾かす「中干し」もします。

イネのひみつ

分げつのしくみ

イネの茎が根元から分かれて新しい茎が増えていくことを「分げつ」といいます。分げつは、1本の茎の5枚目の葉が出るとき、2枚目の葉のわきから新しい茎が出て、6枚目の葉が出るとき、3枚目の葉のわきから次の茎が出るというように、とても規則的に進みます。

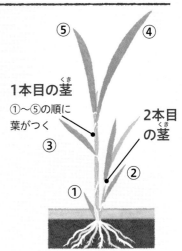

⑤　④
1本目の茎
①〜⑤の順に葉がつく
③
2本目の茎
②
①

田んぼの水量調節の流れ

▶専用の機械を使い、2〜3m間隔で深さ10cmくらいの溝を掘る。中干しの前に作溝をすることで、水の排出がしやすくなる。

◀地面にひびが入るくらいまで1〜2週間ほど乾かす。中干しによって、有機物の分解などによって発生したガスを抜き、イネの生長に必要な酸素を土の中に取りこむこともできる。

5月

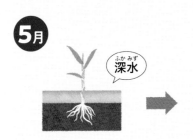

深水

田植え直後

イネが根をはるのにたくさんの水が必要なため、水を多く入れて深くする「深水」にする。

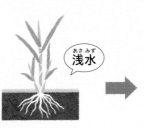

浅水

田植えから約1週間後

水の量を減らして浅くする「浅水」にすることで水温が高くなり、分げつが進みやすくなる。

深水

分げつが進む時期

分げつにはじゅうぶんな栄養、日射、適度な温度が必要。水温が下がらないよう深水を保つ。

6月

作溝　中干し

分げつがある程度進んだら

1本のイネの分げつが20本くらいになったら、分げつが進みすぎないよう、「作溝」や「中干し」をして土を乾かす。

田んぼの水でイネを守る

　田んぼの水には、イネを気温の変化から守る役割もあります。水中は空気中とくらべて温度が伝わりにくく変化がゆるやかです。そのため、水を深くしておけば、気温が下がっても水中の温度は急には下がりません。反対に暑い日が続くときには、深夜や早朝に冷たい水を入れておくことで、日中、暑さからイネを守ることができます。

　また、台風など風が強いときには、水を深くすることでイネが倒れるのを防げます。さらに、地面を水でおおうことで、雑草の根を枯らし増えないようにする効果もあります。

田んぼの水の役割

イネを寒さから守る

イネが倒れないようにする

雑草が増えないようにする

▼幼穂は寒さに弱い。深水にすることで水温が下がらず、幼穂を守ることができる。

幼穂

じゅうぶんに栄養がいきわたって実が熟したらもう水は必要ないよ!

間断かん水

7月

間断かん水

間断かん水

8月

9月

深水

落水

中干し後

田んぼに水を少し入れ、3〜4日して土が乾いたらまた水を入れる。これを「間断かん水」という。必要な水分を保ちつつ、分げつが進まないようにする。

穂ができ始める時期

分げつが止まると、幼穂（茎の中にできる穂で、稲穂のもとになる）ができる。この時期は「穂ばらみ期」といい、深水にする。

穂が出そろったら

穂の中で実が育っていくこの時期には、ふたたび間断かん水をおこなう。

実が熟したら

田んぼに水を入れるのをやめて、稲刈りがしやすいよう土を乾かす。これを「落水」という。

19

田んぼのしくみ

田んぼは、「作土層」というやわらかい土の層の下に、「鋤床層」という水を通しにくい層があり、これを囲むように「あぜ」がつくられています。鋤床層とあぜによって水がたまり、農家の人が水を入れたり抜いたりすることで水量を調整できるようになっています。

田んぼの水は、まわりの川やため池から「用水路」を通して引き入れ、「排水路」を通して川に排出します。このように、農作物のために川などを利用して人工的に給水・排水をすることを「かんがい」といいます。最近は、地下にパイプを通して「暗きょ」という水路をつくることが増えています。

田んぼの水量を調節する

給水せんや排水せんを開けたり閉めたりして、水量を調節する。

自然が相手の仕事だからそのときの状況によっていろいろな調整をしなくちゃいけないんだね

水温が適温になるよう深夜や早朝に給水・排水をすることもあるんだよ

田んぼのきほんのつくり

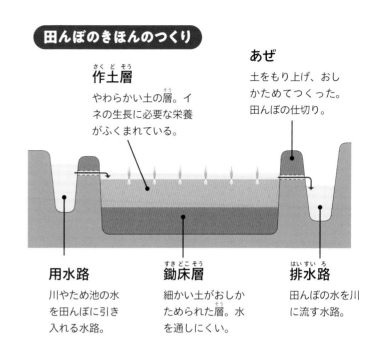

作土層
やわらかい土の層。イネの生長に必要な栄養がふくまれている。

あぜ
土をもり上げ、おしかためてつくった。田んぼの仕切り。

用水路
川やため池の水を田んぼに引き入れる水路。

鋤床層
細かい土がおしかためられた層。水を通しにくい。

排水路
田んぼの水を川に流す水路。

暗きょを使ったかんがいのしくみ

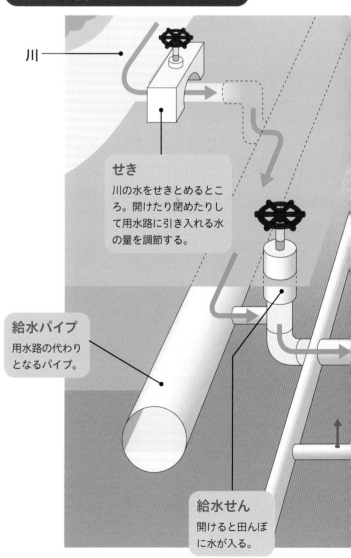

川

せき
川の水をせきとめるところ。開けたり閉めたりして用水路に引き入れる水の量を調節する。

給水パイプ
用水路の代わりとなるパイプ。

給水せん
開けると田んぼに水が入る。

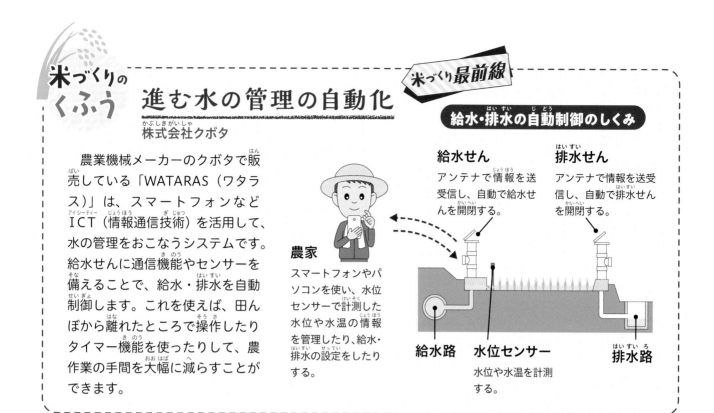

米づくりのくふう

進む水の管理の自動化

株式会社クボタ

農業機械メーカーのクボタで販売している「WATARAS（ワタラス）」は、スマートフォンなどICT（情報通信技術）を活用して、水の管理をおこなうシステムです。給水せんに通信機能やセンサーを備えることで、給水・排水を自動制御します。これを使えば、田んぼから離れたところで操作したりタイマー機能を使ったりして、農作業の手間を大幅に減らすことができます。

給水・排水の自動制御のしくみ

農家
スマートフォンやパソコンを使い、水位センサーで計測した水位や水温の情報を管理したり、給水・排水の設定をしたりする。

給水せん
アンテナで情報を送受信し、自動で給水せんを開閉する。

排水せん
アンテナで情報を送受信し、自動で排水せんを開閉する。

給水路

水位センサー
水位や水温を計測する。

排水路

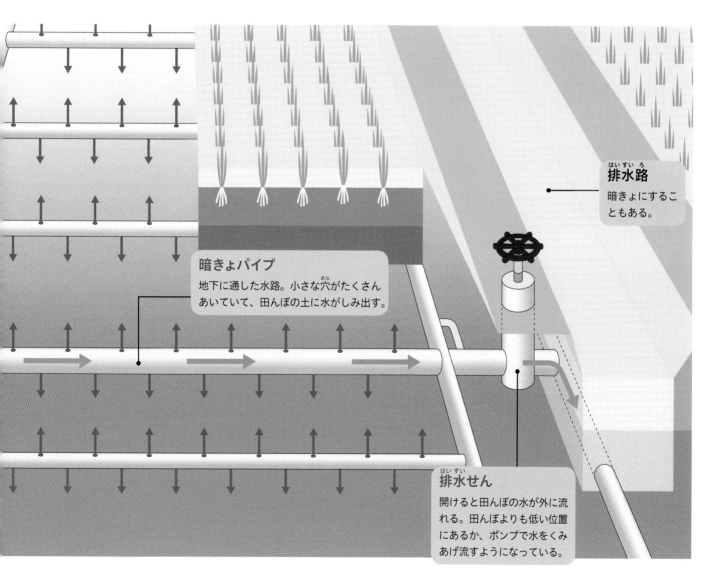

排水路
暗きょにすることもある。

暗きょパイプ
地下に通した水路。小さな穴がたくさんあいていて、田んぼの土に水がしみ出す。

排水せん
開けると田んぼの水が外に流れる。田んぼよりも低い位置にあるか、ポンプで水をくみあげ流すようになっている。

21

肥料をあたえる

田植えから1か月ほどたつと、土の中の栄養が
足りなくなってくるため、肥料をまく作業をおこないます。

⚪ イネの状態に合わせて 肥料の種類や時期を決める

田植えのあと、イネはもともと土にふくまれていた栄養や田おこしのときにまいた「元肥」を取り入れて生長します。これらの栄養が足りなくなると、葉の色にムラができたり枯れたりと、イネに変化があらわれます。農家の人は、この変化を見逃さないようイネの生育のようすをよく見ながら、追加で肥料をあたえる「追肥」をします。

とくに葉の中に幼穂（➡ p.19）ができ始めるころには、「穂肥」とよばれる追肥をします。穂肥は、少なすぎても多すぎてもよくありません。おいしいお米をたくさん収穫するために、慎重な判断が必要です。

人の骨の成長や血液に
必要な栄養がちがうように
イネも葉や穂など
生長の段階によって
ちがう栄養が必要なんだ

イネの生育状態を観察する

専用の機械を使って、葉の中にどれだけ葉緑素（光合成をおこなう成分）が入っているかを測定する。

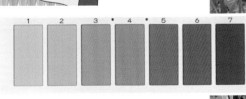

▲カラースケールを使うこともある。葉の色からイネの成育状態を調べ、穂肥の時期や量を決める。　（写真：富士平工業株式会社）

お米 まめ知識　イネは風土やその年の気候などによって思いどおりに育つとはかぎらない。農家の人たちは、JA（➡ 3巻 p.12〜13）の営農指導を受けたりなかまと勉強会を開いたりして、試行錯誤をくり返しているよ。

動力散布機を使って肥料をまいていく。量が少ないと実りが悪く、多いとお米の品質が落ちてしまう。

容器の中に見えるものが肥料。肥料は田んぼの水にとけて、イネの根から吸収される。穂肥では、チッソを中心にリン酸、カリをバランスよくあたえる。　（写真：内山農産）

イネのひみつ

出穂・開花・受粉

分げつが終わると茎の中に「幼穂」ができ、やがて穂は葉のあいだから外へと出てきます。これが「出穂」です。出穂すると、上のほうからえいが開いて花が咲き始め、受粉します。受粉が終わるとえいが閉じて、中に実ができ始めます。

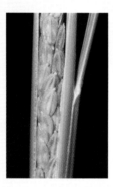

（出穂）
◀茎の中にできたイネの穂。

おしべ
めしべ
えいの中の下のほうにある。
えい

（開花・受粉）

▲開いたえいの中からおしべが伸び、その先から花粉が飛び散り、めしべについて受粉する。開花・受粉は、晴れた日の朝、1〜2時間ほどのあいだにおこなわれる。

（結実）

受粉から1日目	受粉から2日目	受粉から5日目	受粉から8日目	受粉から10日目	受粉から25日目

子房					
▲えいの中に「子房」ができ始める。	▲子房の中に、葉でつくられたデンプンがたまっていく。	▲子房がどんどん大きくなり、穂がたれ下がり始める。	▲子房がえいの中いっぱいまで大きくなる。デンプンはまだどろどろした状態。	▲デンプンが少しずつかたまり始め、お米のようなかたちになっていく。	▲デンプンがかたまり、子房が透明なうすい茶色になり始める。

雑草や病害虫からイネを守る

イネを健康に育てるために、雑草や病原菌、害虫などから
イネを守るのも農家のだいじな仕事のひとつです。

◯ イネの生長を さまたげる雑草

イネが育つあいだ、田んぼにはイヌビエなどイネにとっての雑草が生えてきます。雑草が増えると日当たりが悪くなり、イネのための水分や栄養がうばわれてしまいます。また、雑草が害虫、病原菌発生の原因となったり、作業用機械のタイヤにからまって農作業のじゃまになったりもします。そのため、除草機や除草剤を使って除草をおこないます。

除草する

除草機は、イネの株と株のあいだの土を回転する刃で掘り起こし、雑草を取りのぞくしくみ。乗車型や人が押して動かす歩行型がある。

＼こんな道具も！／

100年以上前から使われている除草の道具が今でも使われています。

八反ずり

イネの株と株のあいだを前後にゆすりながら動かすと、刃の部分が回転して土を掘り起こし、除草できる。

田んぼに生える雑草

タイヌビエ

イネにまぎれて生え、背丈がイネより高くなる。光をさえぎり、栄養をイネからうばってイネの生長をさまたげる。

コナギ

地表をはうように広がって生える。イネの生長に必要なチッソをよく吸収し、イネの生長をさまたげる。

イヌホタルイ

穂がイネに害をあたえるカメムシのなかまをよびよせる。土の深いところに残った種が何年かして育つこともある。

⭕ イネにとっての害虫や病気

イネの害虫には、イネの葉や根を食いあらすイネミズゾウムシや、茎や葉の栄養を吸うツマグロヨコバイなどがいます。害虫は、イネを傷つけるだけでなく病原菌を運び、病気を広げてしまうこともあります。一方、イネの病気には病原菌によって起きるもののほか、温度が高すぎたり肥料をあたえすぎたりして起こる病気もあります。

害虫や病気は、発生して広がると収穫ができなくなるほどの被害をもたらします。農家の人は、温度や肥料の管理に注意をはらい、イネをこまめにチェックし、消毒薬を使うなどして害虫や病気をふせぐ努力をしています。

害虫や病気をチェックする

一生けんめい育てても、害虫や病気のせいで収穫できなくなってしまうこともあるため、こまめにチェックし予防する。

イネの害虫

スクミリンゴガイ
ジャンボタニシともよばれる貝のなかま。田植え後のやわらかい葉を食いあらし、大きな被害をもたらす。

◀特ちょう的なピンク色の卵。見つけたら、すぐに駆除する必要がある。

ツマグロヨコバイ
茎や葉の汁を吸ってイネを枯らし、葉や穂に黒い斑点ができる「すす病」や、出穂や結実をさまたげる「萎縮病」を広げる。

イネミズゾウムシ
体長3mmほどの成虫はイネの葉を食いあらし、根に産卵する。幼虫は根を食べ、株ごとだめにしてしまうこともある。

イネの病気

いもち病
葉や茎に茶色い斑点が広がり、やがてイネを枯らしてしまう病気。穂首に斑点が出ると穂に水分がとどかず、実ができなくなる。

稲こうじ病
穂に緑黒色のかたまりができる病気。お米の収穫量を減らし、品質悪化の原因となる。

雑草や病害虫を ふせぐ農薬

イネを雑草や害虫、病原菌から守る方法のひとつに、農薬を使う方法があります。農薬には、雑草を取りのぞく除草剤、イネを害虫から守る殺虫剤、病原菌から守る殺菌剤などがあります。化学的に合成されたものが中心ですが、天然の材料を使ったものや、微生物や害虫を食べる昆虫などを利用する「微生物・生物農薬」もあります。

農薬を散布する

雑草や害虫、病気からイネを守るために、田んぼに農薬を散布する。

◤こんな方法も！◢

地域で農薬散布の時期を決めて、ＪＡや専門の業者が農薬散布をおこなうこともあります。

ラジコンヘリを使って農薬散布

最近は、農薬散布をＪＡや専門業者に依頼しておこなう農家が増えている。ラジコンヘリを使うと広範囲に効率よく農薬散布ができ、手間を減らすことができる。ドローンでの散布も増えている。

農薬や化学肥料を使う よい点と問題点

農薬や「化学肥料」を使うと、農作業の手間を減らし、効率よくたくさんの量を収穫することができます。けれど、同じ農薬や化学肥料を使い続けると効果がうすれたり、土の中の微生物が減って土がかたくなったりという問題が起こります。また、とくに農薬は、使用する種類や量など使い方によっては人の健康や環境に悪い影響をおよぼすことも考えられます。

現在、農薬は人や環境に対して安全だと判断されたもののみ使用が認められ、使い方のルールも細かく決められています。ルールを守って使用すれば問題はありませんが、心配を減らすために、できるだけ農薬や化学肥料を使わない農家が増えています。

※「化学肥料」は、チッソなどイネの生長に必要な栄養を化学的に合成したもの。

お米 まめ知識 きびしい検査によって使用が認められた農薬は、パッケージに「農林水産省登録○号」という番号と、「殺菌剤」などの使う目的が必ず表示されているよ。

もっと知りたい！

「特別栽培」と「有機栽培」

できるだけ農薬や化学肥料を使わない栽培方法について、
農林水産省によりガイドラインが定められています。

農薬や肥料の使用方法によってよび方が変わる

現在、一般的にいちばん広くおこなわれているのは、農薬を決められた量だけ、使用法を守って使い、土づくりにはたい肥などと化学肥料を使う方法です。これに対して、農薬を使用しないか量を減らし、また、化学肥料の量も減らしてつくる方法を「特別栽培」と

いいます。こうしてつくられた農産物は「特別栽培農産物」といい、お米を販売するときに「特別栽培米」と表示することができます。

また、農薬も化学肥料も使わず、代わりにたい肥や緑肥を使う方法を「有機栽培」といいます。特別栽培や有機栽培は手間ひまがかかりますが、消費者に対する米づくりへのこだわりのアピールにもなります。

ふつうの栽培

[使うもの]

たい肥　　化学肥料　　農薬

決められた量の農薬や化学肥料を使う。

農薬や化学肥料の使い方にはいろいろな考え方と方法があるんだね

特別栽培

[使うもの]

たい肥　　化学肥料　　農薬

農薬の使用数が決まった回数の半分以下で、化学肥料のチッソ分が半分以下。以前はまったく農薬を使わない場合を「無農薬栽培」といったが、土に農薬が残っている場合などもあるため、現在は「特別栽培」という。

特別栽培（有機栽培）

[使うもの]

たい肥

植え付け前2年以上、化学肥料や化学合成農薬、土地改良剤を使っていない土地で、たい肥などを使って土づくりをし、化学肥料や農薬を使わないで栽培する。

米づくりの くふう

人と環境にやさしい 米づくり

全国には、農薬や化学肥料をできるだけ使わずに、
おいしいお米づくりに取り組んでいる農家がたくさんいます。

自然の力を利用する

お米の無農薬栽培や有機栽培は、人や環境に悪い影響をあたえる心配がなく、お米を売るときにも「特別栽培米（➡ p.27）」として安心・安全をアピールすることができます。けれど、農薬や化学肥料を使わないと、雑草があっという間に増え、イネが病害虫の被害を受けやすくなり、農家の人にとって手間が増えることになります。そこで、安心・安全を保ったまま、少しでも農作業の手間を減らすために、生きものなど自然の力を利用する米づくりがおこなわれています。

除草剤の代わりに 田んぼにぬかをまく
内山農産（新潟県上越市）

田植えのあと、田んぼにぬかをまくと、雑草を防ぐことができます。ぬかが水面をおおい日光がさえぎられるため、田んぼの中の雑草が発芽しにくくなるのです。また、ぬかをえさとする微生物が水中に増え、水がとろとろになるため、雑草が生えにくいとも考えられています。さらに、ぬかをまくことでユスリカという昆虫が増え、田んぼのまわりにユスリカやその幼虫（アカムシ）を食べるクモやトンボ、カエルが集まってきます。これらの生きものがイネの害虫も食べてくれるという効果もあります。

あぜにハーブを植えて 虫よけに
JAみねのぶ・香りの畦みちハーブ米生産部会 （北海道美唄市）

イネの害虫の一種カメムシは、出穂後にイネ科の雑草に引き寄せられて田んぼに入りこみ、お米の表面にまだら模様ができる「斑点米」の被害をもたらします。これを防ぐために JAみねのぶでは、田んぼを囲むあぜにハーブを植えています。こうすることでイネ科の雑草が減り、カメムシが近寄らなくなるのです。この方法で、農薬の使用回数を地域の決まりの2分の1以下に減らすことができました。

▲あぜにミント類のハーブを植えた田んぼ。収穫したお米は、「香りの畦みちハーブ米」として販売している。

（写真：JA みねのぶ）

◀田植えの直後に田んぼにぬかをまく。均一になるようにまくことがポイント。

▼ぬかでおおわれた田んぼの水面。

（写真：内山農産）

雑草や害虫を食べる
アイガモを田んぼに放す

橋口農園(鹿児島県鹿児島市)

◀田植えのあと、イネの根がしっかり根づいたころに、ヒナを田んぼに放す。橋口農園では、子どもたちの体験イベントをおこなっている。

（写真：橋口農園）

　アイガモを田んぼで放し飼いにする「アイガモ農法」は、ウンカなどイネの害虫や雑草は食べますが、イネは食べないというアイガモの生態を生かした特別栽培（➡ p.27）の方法のひとつです。アイガモのふんが肥料の代わりになるため化学肥料を使う必要がなく、有機栽培にもなります。

　アイガモはイネの穂が出てくると食べてしまうため、お米が実る前に田んぼから引き上げます。その後、アイガモは食肉にするのが一般的ですが、どの農家でも食肉処理ができるわけではなく、費用もかさみます。橋口農園では、食肉処理の資格をとり、ほかの農家のアイガモの処理も請け負って、毎年、アイガモ農法を続けています。

▲アイガモが泳ぎ回ることで、イネが刺激を受けてじょうぶになり、田んぼの中にイネの生長に必要な酸素が補給されるというよい面もある。

米づくり最前線

田んぼで泳ぐアイガモロボ

　アイガモ農法では、アイガモが野犬に襲われたり、田んぼから引き上げたあとの処理に困ったりといった課題がありますが、「アイガモロボ」はその心配がいりません。田んぼの中をスイスイ泳ぎ、雑草が増えるのを防ぎます。まだ一般発売はされていませんが、将来、活躍するようすが見られるかもしれません。

▲田んぼで泳ぐアイガモロボ。

命を大切に、
おいしくいただく
ということも
大事だね!

▌ほかにもいろいろ!

アイガモ農法のほかにも、生きものの生態をいかした特別栽培の農法があります。

コイ農法

田植え後の田んぼに、コイを放流する。田んぼの中をコイが泳ぐことで、泥がかき回されて雑草が増えるのを防ぐ。

カブトエビ農法

代かきのあと、カブトエビを田んぼに放し、産卵させる。田んぼの中でカブトエビが雑草の芽を食べてくれる。

お米を収穫する

秋、稲穂が頭をたれ穂や葉が緑色から黄金色に変わったら、実が熟した合図。農家の人は稲刈りの準備を始めます。

○ 晴れた日を選んで稲刈りをする

お米の収穫時期が近づいたら、農家の人は田んぼの水をぬいて土をかわかす「落水」をします。これは、実ったお米にはもう水分が必要ないためで、また、作業をしやすくするためでもあります。そして、晴れた日を選んで稲刈りをします。

稲刈りにはコンバインを使います。イネは刈り取られると同時に、コンバインの中で穂からもみをそぎ取る「脱穀」がおこなわれ、もみが内部のタンクに集められます。農家の人は、このもみをJA（農業協同組合）の施設を利用するなどして乾燥させ、玄米や白米にして出荷します。

▲収穫間近のイネ。穂の中で実がじゅうぶんに育つと、その重みで稲穂が頭をたれてくる。

米づくりのくふう　米づくりは自然との戦い

稲刈りの時期は台風にみまわれることが多く、農家の人たちは心配がつきません。大切に育ててきたお米が被害を受けないよう、さまざまな対策を講じます。

もし、台風が近づいてきたら、田んぼの水を多くして、イネがゆれたりたおれたりするのを防ぎます。収穫間近であれば、稲刈りの日を早める方法もあります。

◀台風で倒れてしまったイネ。この状態でも刈り取りはできるが、作業が大変になる。

農業機械図鑑

コンバイン

コンバインは、イネの刈り取り、脱穀、もみとわらの選別（茎の部分）をおこなう農業機械です。

脱穀
突起のついた筒状の「こぎ胴」が回転して、穂からもみを取り外す。もみはタンクの中にたまる。

わら
もみを取り外したあとに残ったわらは、細かく切りきざんで田んぼにまいたり、束にまとめたり、わらの使いみちによって変えることができる。

刈り取り
イネを押さえ、つめで起こしながら、左右に動く刃で根本から刈り取る。刈り取られたイネは、チェーンで内部に送られる。

（写真：株式会社クボタ）

(写真：株式会社クボタ)

稲刈りをする

コンバインで田んぼの中を
往復してイネを刈（か）っていく。

収穫（しゅうかく）したもみを運ぶ

コンバインの中のタンクに集められたもみを運搬用（うんぱんよう）のトラックに移（うつ）す。

こんな方法も！

コンバインが入らない小さな田んぼでは、
小型でこまわりがきくバインダーとよばれ
る農業機械を使うこともあります。

バインダーで収穫（しゅうかく）

バインダーは、イネを
刈（か）り取り束ねることが
できる農業機械。人が
押（お）しながら進んでいく。

このあと
収穫（しゅうかく）したもみが
玄米（げんまい）や白米（はくまい）になって
販売（はんばい）されるまでは
3巻（かん）を見てね！

お米
まめ知識（ちしき）

「実（みの）るほど頭（あたま）を垂（た）れる稲穂（いなほ）かな」ということわざがあるよ。これは、学問や徳（とく）が深くよくできた人が頭
を下げて謙虚（けんきょ）でいることを、よく実って頭を下げる稲穂（いなほ）にたとえているよ。

農作業の機械化と耕地整理

昔は、農作業に大変な労力が必要でしたが、
農業機械の普及や耕地整理により省力化が進んでいます。

機械化が進み 農作業にかかる時間が短縮

昔は、牛や馬に農具を引かせて田おこしや代かきをおこない、田植えや稲刈りは、ひと株ひと株手作業で植えたり刈ったりしていました。しかし、1960年ごろから、トラクターや田植え機、コンバインなど農業機械の普及が進み、農家の人が農作業にかける時間が短縮されるようになりました。現在では、同じ広さの田んぼで米づくりをするときの労働時間は、約60年前の8分の1くらいに短縮されています。

田んぼは「反」という単位で数え、昔は1反（＝約10a、1000㎡）で当時の大人が1年間に食べる量のお米（1石＝約150kg）がとれたよ！今は一般的な農家の水田耕地面積 1ha（＝100a、10000㎡）で 4200〜6000kgのお米がとれるよ

田おこし

昔 1日 30a
牛や馬にすきをひかせた
↓
今 1日 150a
トラクターを使用して昔の5倍

米づくりにかかる労働時間の変化 （水田10a あたり）

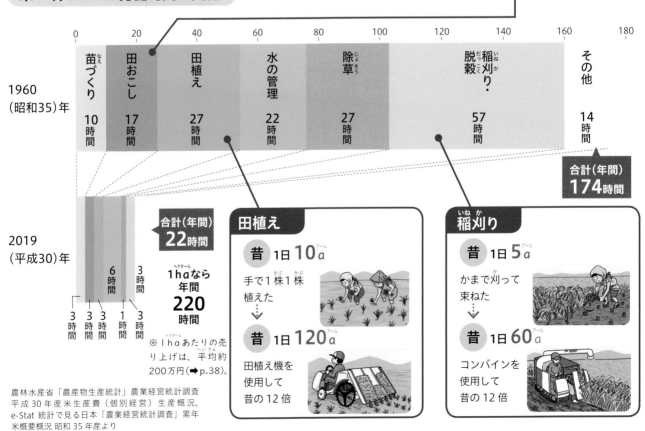

	0	20	40	60	80	100	120	140	160	180

1960（昭和35）年

苗づくり	田おこし	田植え	水の管理	除草	脱穀 稲刈り	その他
10時間	17時間	27時間	22時間	27時間	57時間	14時間

合計（年間）174時間

2019（平成30）年

3時間 3時間 3時間 1時間 3時間 6時間 3時間

合計（年間）22時間
1haなら年間 220時間

※1haあたりの売り上げは、平均約200万円（→p.38）。

田植え

昔 1日 10a
手で1株1株植えた
↓
昔 1日 120a
田植え機を使用して昔の12倍

稲刈り

昔 1日 5a
かまで刈って束ねた
↓
昔 1日 60a
コンバインを使用して昔の12倍

農林水産省「農産物生産統計」農業経営統計調査
平成30年産米生産費（個別経営）生産概況、
e-Stat 統計で見る日本「農業経営統計調査」累年
米概要概況 昭和35年産より

耕地整理で
生産性が高まる

　農作業の機械化が進む一方で、国や各市町村は耕地整理を進めてきました。それまで、かたちが不ぞろいでひとつひとつの面積がせまかった田んぼをまとめ、広く整然とした田んぼにつくり直したのです。あわせて、用水路や排水路などのかんがい設備や農道なども整備しました。これによって、農業機械を効率よく使うことができるようになり、生産性が高まりました。

わたしたちが食べるお米を
たくさん収穫するために

　国や地域もかかわり、時間をかけて機械化や耕地整理を進めてきたのは、それぞれの地域でより品質の高いお米をたくさん生産できるようにするためです。お米は、わたしたちの食生活にかかせない食べものです。そのお米が収穫できなかったり、足りなくなったりすることがないよう、農家の人たちをはじめ、米づくりにたずさわる多くの人たちが現在でもたゆまぬ努力を続けています。

田んぼの耕地整理

▲ひとつひとつがせまく、かたちが不ぞろいな田んぼ。大型の農業機械が入れず、手間と時間がかかる。

▲広くかたちがととのった田んぼ。あわせて周辺の道路を広くすることで、大型の農業機械を使って効率よく米づくりができるようになった。

▲秋田県にある八郎潟干拓地は、もともと「八郎潟」という大きな湖だったところを干拓し、田んぼや畑にした。今では1人あたり15haもの田んぼをもち、効率的な米づくりがおこなわれている。

昔からのくふうの
積み重ねがあって
今の米づくりや
田んぼの風景が
あるんだね

バケツでイネを育てよう!

この本にのっているイネの生長や農作業の方法を参考にしたり
地域の農家やＪＡの人に話を聞いたりして、お米をつくってみよう!

用意するもの

- 種もみ
- 土（園芸品店で売られている黒土、赤玉土、鹿沼土など）
- 肥料（園芸品店で売られている化成肥料）
- バケツ（10〜15L）

ＪＡグループでは、毎年、種もみや肥料などが入った「バケツ稲セット」
を配布しています（数に限りがあります）。
お問い合わせ先：ＪＡグループ バケツ稲づくり事務局

▲バケツですくすく育つイネ。
（写真：ＪＡグループバケツ稲づくり事務局）

育て方　※それぞれのページでくわしく説明しています。

まぜる肥料の量は市販
の化成肥料であれば
小さじ1杯程度

ビーカー、
コップなど

塩水
（水200mL
＋
塩20g）

よい
種もみ

3月下旬

1mm

シャーレ、
小皿など

バケツ

土＋肥料

1 種もみを準備する ➡p.8

「塩水選」でよい種もみを選び、
60〜65℃のお湯に10分間つけて
「温湯消毒」をする。

2 芽出しをする ➡p.8

水にひたした種もみを室内の日当
たりのよい場所に置く。3〜7日
間で芽が1mmくらいになったら
種もみの準備は完了。

3 土を用意する ➡p.12

土を天日で2日程度干して日光消
毒する。土と肥料をまぜてバケツ
に入れる。

種もみ
2つ分の
深さ

3〜4cm間隔

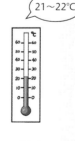

21〜22℃

3月下旬〜5月上旬

平均気温21〜22℃
を保つようにしよう!
温度が低いときは
ビニールでおおうと
いいよ

4 種もみをまく ➡p.9

バケツの中の土をしめらせ泥をつくり、種もみ
の芽が上向きになるようにまく。種もみの上か
らうすく土をかぶせる。

5 苗を育てる ➡p.10〜11

バケツを屋外の日当たりのよい場
所に置き、土が乾かないように水
をやる。葉が3〜4枚になるまで
5〜10日間育てる。

※それぞれのページでくわしく説明しています。

分げつによって
茎や葉が増え
イネが生長していく
ようすを
よく観察しよう!

5月中旬

6 苗を植えかえる ➡ p.16~17

苗をいったん全部ぬき、茎が太くじょうぶそうな苗4～5本を1株にまとめて、バケツのまん中に植える。植え終わったら、水を深さ2cmくらいまで入れる。

5月中旬～9月中旬

7 水をやり育てる ➡ p.18~19

水の深さが、最初の約2週間は2～3cm、そのあとは5cmくらいを保つよう、水をやりながら育てる。

8 中干しをする ➡ p.18~19

イネの背丈が40～50cmになったらバケツの水をすて、土の表面に少しひびが入るくらいまで1～2日おく。干しすぎに注意する。

9 水を入れて育てる ➡ p.18~19

中干しのあと、ふたたび水を入れ、穂が出て頭が下がり始めるころまで水の深さを5cmくらいに保ちながら育てる。

9月下旬～10月上旬

10 落水する ➡ p.18~19

穂が出てから1か月くらいで、穂がかたくなり黄金色になり始めたら、バケツの水をすてて10日間くらい土をかわかす。

おいしいお米ができたかな?
お米の炊き方は
5巻p.14～17を
見てね!

11 収穫する ➡ p.30~31

ほとんどの穂が黄金色になったら刈り取る。根本をひもで束ね、逆さまにつるして10日間くらい乾燥させる。

収穫したお米を食べよう!

もみすりをする
すりばちにもみを入れ、野球のボールなどで軽くこすって殻をとる。

脱穀をする
穂の上に茶わんを置いて軽くおさえ、穂をゆっくり引いてもみを穂からはずす。

精米する
殻をとったお米(玄米)をびんに入れ、すりこぎなどの棒でついてぬかをとる。

お米をつくる人が減っているの?

いつかお米が
食べられなく
なっちゃうかも
しれないって本当!?

おじいちゃーん!

おや
いらっしゃい

長い時間車に乗って
疲れただろう?

とちゅうにあった
田んぼを見てたら
あっという間だった!

こんにちは

お孫さんかな

田んぼを見るのは
めずらしいかい?

こんにちは!

はい!

おじいさんも少し前まで
ここで米づくりをしていたんだよ

でも今は
やめてしまったんだ

えっ!?
ここが田んぼ
だったの?

どうして米づくりを
やめちゃったの?

年をとって農作業をするのが
つらくなってしまったんだ

わたしの子どもは
農業をしないで会社員をしているよ

それはおじいさんだけでなく
多くの農家がかかえる問題だよ

あっ

お米博士

米づくりを
続けていくのは
とても大変なことなんだ

36

農家が直面している問題

37

農家がかかえる問題

農家はさまざまな問題をかかえ、米づくりを続けていくために
いろいろな苦労やくふうをしています。

◯ 農家の収入と支出

　米づくりは、農業機械の普及や耕地整理によっ
て、昔とくらべて効率がよくなり生産性が高まり
ました（➡ p.32～33）。それでも、手間に対して、
安定してよい収入が得られる仕事とはいえません。
米づくりにかかる費用は、労働費、農業機械代、
農薬・肥料代などで、たとえば、1haの田んぼ
で米づくりをする場合、支出は1年間で平均
110万円以上になります。

　これに対して、1haの田んぼでとれるお米の
売り上げは、平均約200万円です。お米は収穫
が年に1回なので、収入が得られる時期がかた
よっているうえに、天候などの自然の状況に左右
されることもあります。安定した収入を得るため
に、専業農家よりも兼業農家が多くの割合を占め
ています。

日本での米づくりにかかる費用と割合 （水田1haあたり）

農林水産省「農業経営統計調査」平成30年産米生産費（個別経営）より

合計
約113万円

その他
（賃借料など）
32.5%
（約37万円）

労働費
（労働を金額に
換算した費用）
31.1%（約35万円）

農薬・肥料代
14.8%
（約17万円）

農業機械代
21.6%（約24万円）

農業機械を購入する場合の費用
※大よそのめやす。
2019（平成30）年クボタHP調べ

トラクター
約100万～約900万円

乗用田植え機
約70万～約350万円

コンバイン
約150万～約1100万円

※価格のめやすは、個人経営の農家で多く使われる大きさの機械の価
格（トラクターは11馬力～60馬力のもの、田植え機は4条植え～6
条植え、コンバインは2条刈り～4条刈り）
（写真：株式会社クボタ）

日本での専業農家と兼業農家の割合

※「専業農家」とは、世帯員の中に兼業従事者が1人もいない農家。「兼業農家」
とは、世帯員の中に兼業従事者が1人以上いる農家で、農業所得を主とする「第
1種兼業農家」と農業所得を従とする「第2種兼業農家」をふくむ。

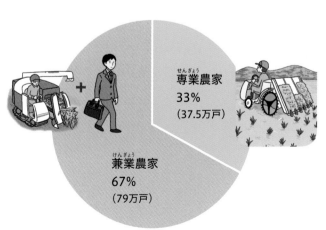

専業農家
33%
（37.5万戸）

兼業農家
67%
（79万戸）

農林水産省「農家に関する統計」（平成30年）より

日本での農家の1年間の平均収入

※ここでの農家は、経営耕地面積が30a以上または農産物販売金額が年間50
万円以上の農家をさす。かならずしも米づくり農家だけをさすものではない。

総収入
526万円

農業による収入
36.5%
（191.8万円）

農業以外の
仕事による収入
63.5%
（334.2万円）

農林水産省「農業経営統
計調査」産業経営体（個
別経営）の経営収支より

安定した収入を得るために
お米のほかに同じ耕地で麦や
大豆などをつくる二毛作や三毛作を
おこなっている農家もいるよ

深刻な後継者不足と高齢化

農業の収入面での心配のほかに、重労働というイメージや、職業が多様化したことから、とくに若者のお米や農業への関心がうすれていることも懸念されています。もともと家が農家でもあとを継がずにほかの仕事につくなど、農業ばなれが進み、現在は農業全体の3分の2を60歳以上の人が担い高齢化が進んでいます。

こうした後継者不足や高齢化によって米づくりを続けられなくなった田んぼは、耕作放棄地（過去1年以上耕作されず、今後も耕作されない予定の土地）となりこれも問題となっています。

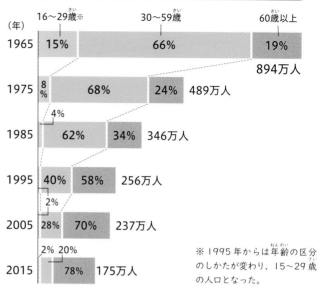

日本での年齢別・農業を仕事にする人口の変化

(年)	16〜29歳※	30〜59歳	60歳以上	
1965	15%	66%	19%	894万人
1975	8%	68%	24%	489万人
1985	4%	62%	34%	346万人
1995		40%	58%	256万人
2005	2%	28%	70%	237万人
2015	2%	20%	78%	175万人

※1995年からは年齢の区分のしかたが変わり、15〜29歳の人口となった。

農林水産省「農林業センサス」販売農家 年齢別の基幹的農業従事者数（1965〜2015年）より

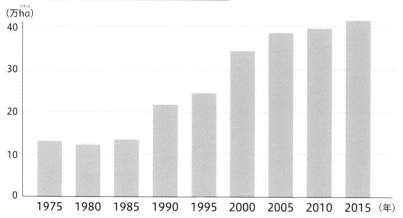

日本での耕作放棄地の面積の変化

農林水産省「農林業センサス」
耕作放棄地面積の推移より

（万ha）
40 / 30 / 20 / 10 / 0
1975 1980 1985 1990 1995 2000 2005 2010 2015 （年）

▲耕作放棄地となった田んぼ。雑草が生いしげって、害虫が発生するなど、一度荒れるともとの田んぼにもどそうとしても簡単にはもどせなくなってしまう。

くふうをしないとお米が売れない時代

きびしい状況のなかでも、日本ではずっと、主食であるお米が安定してつくられるよう、政府がお米の生産や流通、価格を管理し、農家はある程度守られてきました。しかし、1995（平成7）年に施行された食糧法によってお米の流通や価格の自由化が始まり、さらに、外国米が輸入されるようになると（➡3巻p.24〜25、p.42〜43）、国内外の競争に勝ちぬかないとお米が売れなくなりました。農家を続けていくためには、これまで以上にくふうをしてほかとの差別化をはかることが求められています。

これまでと
同じような方法では
米づくりを続けていくのが
むずかしいんだね

お米 まめ知識 最近は、これまで農業とはかかわりがなかった人が農業を始めたり、週末だけ農業をしたりする人が増えているよ。新しく農業を始める人のための学校もできているんだ。

これからの米づくり

お米はわたしたちの食生活にかかせない食べものです。
ずっと米づくりを続けていくための方法を考えてみましょう。

さまざまな問題を解決するくふう

今、農家がかかえるさまざまな問題を解決し、米づくりを活性化していくために、農家だけでなく国や地域、企業が協力し、さまざまな取り組みをおこなっています。米づくりの大切さや魅力を多くの人に知ってもらいながら、新しい技術を取り入れ、時代に合った米づくりの方法を探っていくことが、問題解決のかぎとなりそうです。

みんなも
いっしょに考えて
アイデアを
出してみよう！

農家の負担を減らし
米づくりを続けやすくするには
どんな方法があるのかな？

共同で農作業をしたり農業機械などを購入したりする

小さな田んぼでそれぞれが農作業をしたり農業機械や肥料を買ったりするよりも、広い田んぼで共同で米づくりをするほうが、効率よく生産性を高められる。

あれ
どうかな？

農業法人で米づくりを会社の仕事のようにおこなう

農業法人とは、農業を営む会社のようなもの（➡ p.42）。従業員を雇い、給料制で働く時間を決めて仕事を分担することで、働きやすく安定した収入が得られるようになる。

田んぼの
見回りに
行ってきます

米づくりだけでなく加工や販売もおこなう

「新米の販売
始めました」
…と

農作業の省力化が進み、インターネット販売などが可能になった今、農家の人が加工や販売もおこなうことで、収入を増やすことができる（6次産業化➡ 3巻 p.32～35）。

農作業の効率化と
収入の安定がポイントだね

人手不足や後継者不足を
解消するためには
どうしたらいいかな?

イベントでお米の魅力を伝える

お米の魅力を多くの
人に知ってもらうこ
とで、お米や米づく
りへの関心が高まり、
協力してもらえるよ
うになる。

都市部の人に参加してもらう

「棚田オーナー制度（➡ p.43）」などを利用
して、都市部で農業に興味をもつ人や子ども
たちに米づくりに参加してもらえば、農業体
験をしてもらえると同時に、人手不足が解消
できる。

苗2〜3本ずつ
植えてください

「Iターン就職」や「新規就農」をうながす

農家ではない人でも本
格的に農業が始められ
るよう、全国に「新規
就農相談センター」や
「就農準備校」があり、
技術指導や資金援助な
どをおこなっている。

※出身地ではない地域で就職すること

米づくりを
始めたいんです

米づくりに興味をもつ人が
もっともっと増えるといいね

これまでとはちがう
新しい米づくりの方法は
あるかな?

最新技術を取り入れて農業をさらに効率化する

ICT（情報通信技術）やロボット
技術などが、農業でも生かされ始め
ている（スマート農業➡ p.44）。こ
れによって省力化が進めば、週末な
ど短時間で農業ができるようになる。

さまざまな企業に米づくりに参加してもらう

「農業特区（➡ p.43）」では、民間の
企業が土地を借りて農業ができる。耕
作放棄地を活用し、独自の米づくりや
商品開発を進めている企業もある。

●●ファーム

時代に合った
米づくりの方法で
問題が解決
できるかも
しれないんだね

米づくりにかかわる政策・制度

農家を守り、また米づくりを活発にして続けていけるよう
さまざまな制度がもうけられています。

個人での農業から組織での農業へ

1952（昭和27）年に定められた「農地法」では、農地は農家のみに所有する権利があるとされ、だれでも自由に農地を所有することはできませんでした。この決まりは、個人や家族経営の農家を守るためのものでした。

しかし、1960年代以降、農業機械の普及や耕地整理が進むと、米づくりを大規模化し効率よく生産性を高めることが求められるようになりました。そこで、1962（昭和37）年の農地法および農業協同組合法の改正によって、条件を満たす組織が「農業法人」を設立し、共同で農業経営ができるようになりました。

組織による農業経営のしくみ

農業法人

共同で農作業をおこなうための組織。大きく「農事組合法人」と「会社法人」に分かれ、このうち、事業内容などの条件を満たし農業経営をおこなうための農地を取得できる農業法人を「農地所有適格法人」（2016年までは「農業生産法人」）という。

農事組合法人

農業協同組合法にもとづき、おもに地域の農家が集まってつくる組織。共同経営や農業施設の共同利用などができる。

会社法人

一般的な会社と同じように決められた条件を満たして農業を営む組織。条件の内容によって株式会社、合同会社、合資会社などがある。

510戸分の農地で大規模経営

サカタニ農産（富山県南砺市）

サカタニ農産は、富山県西部にある農事組合法人です。1967（昭和42）年、2戸の農家の法人化から出発し、現在は、砺波平野を中心に510戸分約400haの農地で大規模経営をおこなっています。苗づくりから精米までの仕事を28名の社員が分担し、効率のよい米づくりに取り組んでいます。

▲社員は若い人が多く、これからの農業を担う人材の育成にも力を入れている。　（写真：サカタニ農産）

国によるお米の生産調整

1960年代の終わりごろから、米の生産性が高まる一方で、食文化の変化によりお米を食べる量が減り、お米があまるという問題が起こりました。そのため、政府がお米の生産量を調整する「生産調整（減反政策）」がおこなわれるようになりました。毎年、生産の目標量を決め、お米をつくりすぎないように一部の農家が休耕や転作をしたのです。この政策は、何度か見直されながら、2018（平成29）年まで続きました。

休耕・転作する農家には補助金が支払われたんだよね

でも、一度休耕・転作するとまた土づくりなど準備をするのが大変なんだ

米づくりへの民間企業の参加をうながす

2009（平成21）年の農地法改正では、それまで農作物を生産できるのは農地所有適格法人のみでしたが、国から「農業特区」の指定を受けた地域に限り、民間の企業が農地を借りて作物の生産ができるようになりました。

たとえば、お米料理を提供するレストランなどの外食産業や、おにぎりや弁当を販売するコンビニエンスストアなどの中食産業では、必要とするお米の量のめどがたてやすいので、自社で計画的にお米をつくればむだがありません。最近では、こうした農業特区を利用する企業が増えています。

農業特区は
農業への新規参入を
うながすとともに
耕作放棄地の有効利用
というねらいもあるよ

米づくりを支援する制度

農家や農地をもっていない人が、米づくりに参加したり支援したりできる制度もあります。

たとえば、「棚田オーナー制度」は棚田のある地域の行政機関や農家が棚田のオーナー（持ち主）を募集する制度です。都市部で農業に興味をもつ人たちなどがオーナーとなり、米づくりに参加することができます。また、農家出身ではない人が農業を始めることができるよう、全国に「就農準備校」や「新規就農相談センター」もあります。

「農業特区」を利用した米づくり

株式会社ローソン

コンビニエンスストアの大手ローソンでは、自社のおにぎりや弁当に使うお米をつくる「ローソンファーム（農場）」を全国各地に設けています。とくに、「国家戦略特別区域※」に指定されている新潟市では、特別農業法人ローソンファーム新潟を設立し、約100haの農地で大規模農業をおこなっています。

▲ローソンファーム新潟での米づくり。自社で生産することで、生産方法などを徹底して管理でき、安心・安全なお米を安定して供給できる。　（写真：株式会社ローソン）

※産業を強化するため、さまざまな優遇が受けられるよう国が限定した地域。

「棚田オーナー制度」で棚田を守る

樫谷棚田保存会（愛媛県大洲市）

樫谷棚田は、約3ha、200枚以上の田んぼが連なる美しい棚田です。樫谷棚田保存会では、「棚田オーナー」や「棚田お手伝い隊」を募集し、参加者とともに棚田での米づくりや景観を守る活動に取り組んでいます。

◀棚田オーナーや棚田お手伝い隊は、田植え祭や収穫祭、しめ縄づくりに参加することができる。
（写真：樫谷棚田保存会）

米づくりの くふう

最新技術で変わる米づくり

ロボット技術をはじめとする最先端技術が、
米づくりにも生かされ始めています。

新しい農業のかたち「スマート農業」

ロボット技術やAI（人工知能）、ICT（情報通信技術）を
活用しておこなう農業を「スマート農業」といいます。世界で
は「スマートアグリ」といって、すでに実用化が進んでいます。
日本でも、政府と農業機械メーカー、IT企業、自動車、産業
ロボットの企業などが協力して、スマート農業を実現するため
にさまざまな研究・開発をおこなっています。

「スマート」には
「賢い」「きびきびとした」
という意味があるよ。

自動走行システムの導入で省力化・大規模化

GPS（全地球測位システム）を
使った自動走行システムの農業機
械を導入すれば、夜間走行も可能
で、少人数で大規模な農業経営が
できるようになる。

米づくりの方法をデータ化し取り組みやすさを実現

農業機械の操作や農業の方法がデー
タ化されることで、経験がない人で
も農業に取り組みやすくなる。

「センシング技術」できめ細やかな栽培管理

センシング技術とは、セン
サーを活用してイネの生育状
況などを計測・数値化する技
術。むだをなくし精密農業
（きめ細かい農業）ができる。

**スマート農業の
いろいろな
かたち**

産業ロボットを活用して大変な作業を軽減

除草ロボットやアシストスーツ
（人の動きを補助する機器）に
よって、危険な作業や重労働を
軽くすることができる。

「クラウドシステム」でだれもが利用できるしくみに

クラウドシステムとは、サーバーで
管理する情報をパソコンなどの端
末で得られるしくみ。いつでも、だ
れでも、どこにいても、イネの生育
状態などの情報を確認できる。

ドローンを使って特別栽培米づくり

市川農場（北海道旭川市）

　市川農場では、ドローンを使い、58haの田んぼで農薬・化学肥料にたよらない米づくりに取り組んでいます。

　農薬を使わないと雑草や病害虫が発生しやすく、また化学肥料を使わないとイネの生長にむらが出て、ふつう、広大な田んぼでは効率よく農作業ができません。しかし、市川農場では、センシング技術を使い、ドローンで上空から撮影した田んぼを分析し、必要な場所のみに追肥をし、むだな費用をおさえて生産性を高めています。

　こうしてつくられた特別栽培米の商品にはQRコードがつけられ、消費者はこれを読み取りサイトにアクセスすることで、ドローンで撮影した田んぼやイネのようすを映像で見ることができます。

▲田んぼの上空を飛ぶドローン。撮影だけでなく、ドローンを使って肥料をまくこともできる。

▶人の目では見えない光も撮影することができるセンサーを搭載したドローンで撮影した、田んぼのようす。

自動運転の農業用ロボット

株式会社クボタ

▲現在、すでに実用化しているトラクター。人が乗ったトラクターと平行して無人トラクターを走行させることで、1人で2台分の作業が同時にできる。

　農業機械メーカーのクボタでは、GPS（全地球測位システム）を使い、人が乗らずに自動走行するトラクター、田植え機、コンバインなどの開発を進めています。

　すでに実用化が進んでいる自動運転トラクターは、あらかじめ設定しておいた走行ルートを数cm以内の誤差で自動走行ができます。しかし、現時点では、近くでの人の監視が必要などの条件もあります。将来的には、遠隔監視をもとに農道を走行して、複数の田んぼで無人作業を実現する完全無人化をめざしています。

さくいん

ここでは、この本に出てくる重要な用語を50音順にならべ、
その内容が出ているページ数をのせています。
調べたいことがあったら、そのページを見てみましょう。

あ

アイガモロボ …………………………… 29
アイガモ農法 …………………………… 29
Iターン就職 …………………………… 41
あぜ ……………………………………… 20
暗きょ …………………………………… 20
ICT（情報通信技術）………… 21,41,44
イヌホタルイ …………………………… 24
稲刈り …………………………………… 30
稲こうじ病 ……………………………… 25
イネミズゾウムシ ……………………… 25
いもち病 ………………………………… 25
えい …………………………………… 8,23
塩水選 ………………………………… 8,34
温湯消毒 ……………………………… 8,34

か

開花 ……………………………………… 23
化学肥料 …………………………… 26,27,28
カブトエビ農法 ………………………… 29
間断かん水 ……………………………… 19
機械化 …………………………………… 32
きゅう肥 ……………………………… 14,15
クラウドシステム ……………………… 44
兼業農家 ………………………………… 38
コイ農法 ………………………………… 29
後継者不足 …………………………… 39,41
耕作放棄地 ……………………………… 39
耕地整理 ………………………………… 33
高齢化 …………………………………… 39

コナギ …………………………………… 24
コンバイン …………………………… 30,32

さ

作土層 …………………………………… 20
作溝 ……………………………………… 18
雑草 …………………………………… 7,24
産業ロボット …………………………… 44
三毛作 …………………………………… 38
GPS（全地球測位システム）……… 44,45
JA（農業協同組合）………………… 10,34
自動走行システム ……………………… 44
子房 ……………………………………… 23
就農準備校 …………………………… 41,43
出穂 ……………………………………… 23
種皮 ……………………………………… 8
受粉 ……………………………………… 23
循環型農業 ……………………………… 14
食糧法 …………………………………… 39
除草 …………………………………… 24,32
飼料 ……………………………………… 14
代かき ………………………………… 12,13
新規就農 ………………………………… 41
鋤床層 …………………………………… 20
スクミリンゴガイ ……………………… 25
スマート農業 ………………………… 41,44
生産調整（減反政策）………………… 42
精米 ……………………………………… 35
せき ……………………………………… 20
専業農家 ………………………………… 38
センシング技術 ………………………… 44

た

タイヌビエ ································ 24

たい肥 ···················· 12,14,15,27

台風 ···································· 30

田植え機 ····················· 16,17,32

田植え ························· 16,17,32

田おこし ················· 12,13,15,32

脱穀 ························· 30,32,35

棚田 ···································· 17

棚田オーナー制度 ················· 41,43

種もみ ················· 6,8,9,10,34

追肥 ························· 11,13,22

ツマグロヨコバイ ···················· 25

デンプン ······························ 23

特別栽培 ···························· 27

特別栽培米 ························ 27,45

トラクター ····················· 12,13,32

ドローン ·························· 26,45

な

苗 ··························· 10,11,34

苗づくり ····························· 32

中干し ·························· 18,35

苗代 ································· 10

二毛作 ······························ 38

ぬか ······························ 8,28

根 ·································· 8,10

農業特区 ·························· 41,43

農業法人 ·························· 40,42

農薬 ·························· 26,27,28

は

胚 ···································· 8

排水路 ······························ 20

胚乳 ·································· 8

バインダー ··························· 31

八反ずり ···························· 24

病害虫 ····················· 7,24,26,28

肥料 ···················· 7,12,26,27

不耕起栽培 ························· 15

分げつ ···························· 7,18

穂 ································ 7,19

穂肥 ····························· 22、23

ま

実 ························· 7,19,23,30

水の管理 ············ 18,19,20,21,32,35

芽 ···································· 8

芽出し ···························· 8,34

元肥 ······························ 13,22

もみ ························· 6,8,30,31

もみ殻 ······························ 14

もみすり ····························· 35

や

有機栽培 ·························· 27,28

用水路 ······························ 20

ら

落水 ·························· 19,30,35

レンゲ農法 ··························· 15

わ

わら ······························ 14,30

監修

辻井良政 (つじいよしまさ)

東京農業大学応用生物科学部教授、農芸化学博士。専門は、米飯をはじめとする食品分析、加工技術の開発など。東京農業大学総合研究所内に「稲・コメ・ごはん部会」を立ち上げ、お米の生産者、研究者から、販売者、消費者まで、お米に関わるあらゆる人たちと連携し、未来の米づくりを考え創出する活動もおこなっている。

佐々木卓治 (ささきたくじ)

東京農業大学総合研究所参与（客員教授）、理学博士。専門は作物ゲノム学。1997年より国際イネゲノム塩基配列解読プロジェクトをリーダーとして率い、イネゲノムの解読に貢献。現在は、「稲・コメ・ごはん部会」の部会長として、お米でつながる各業界関係者と協力し、米づくりの未来を考える活動をけん引している。

装丁・本文デザイン　周 玉慧
DTP　有限会社天龍社
協力　東京農業大学総合研究所研究会
　　　（稲・コメ・ごはん部会）、佐藤 豊
　　　山下真一、梅澤真一（筑波大学附属小学校）
編集協力　酒井かおる
キャラクターデザイン・マンガ　森永ピザ
イラスト　坂川由美香、下田麻美、naggy
校閲　青木一平
編集・制作　株式会社童夢

取材協力・写真提供
井関農機株式会社／株式会社美善／株式会社クボタ／筑波農場／日本不耕起栽培普及会／富士平工業株式会社／内山農産／大嶋農場／JAみねのぶ／香りの畦みちハーブ米生産部会／橋口農園／日産自動車株式会社／JAグループバケツ稲づくり事務局／株式会社日本農業新聞／サカタニ農産／株式会社ローソン／樫谷棚田保存会／市川農場

写真協力
株式会社アフロ／株式会社フォトライブラリー／株式会社日本農業新聞／株式会社共同通信イメージズ

イネ・米・ごはん大百科

❷ お米ができるまで

発行　　2020年4月　第1刷
監修　　辻井良政　佐々木卓治
発行者　千葉 均
編集　　崎山貴弘
発行所　株式会社ポプラ社
　　　　〒102-8519　東京都千代田区麹町4-2-6
　　　　電話　03-5877-8109（営業）
　　　　　　　03-5877-8113（編集）
　　　　ホームページ　www.poplar.co.jp（ポプラ社）
印刷・製本　凸版印刷株式会社

ISBN978-4-591-16532-4　N.D.C.616／47p／29cm Printed in Japan

落丁本・乱丁本はお取り替えいたします。小社宛にご連絡ください（電話0120-666-553）。
受付時間は月～金曜日、9：00～17：00（祝日・休日は除く）。
読者の皆様からのお便りをお待ちしております。いただいたお便りは制作者にお渡しいたします。
本書のコピー、スキャン、デジタル化等の無断複製は著作権法上での例外を除き禁じられています。本書を代行業者等の第三者に依頼してスキャンやデジタル化することは、たとえ個人や家庭内での利用であっても著作権法上認められておりません。

P7215002

イネ・米・ごはん大百科

全**6**巻

監修 辻井良政
佐々木卓治

◆ 全国各地の米づくりから、米の品種、料理、歴史まで、お米のことがいろいろな角度から学べます。

◆ マンガやたくさんの写真、イラストを使っていて、目で見て楽しくわかりやすいのが特長です。

1 日本の米づくりと環境　N.D.C.616

2 お米ができるまで　N.D.C.616

3 お米を届ける・売る　N.D.C.670

4 お米の品種と利用　N.D.C.616

5 お米の食べ方と料理　N.D.C.596

6 お米の歴史　N.D.C.616

小学校中学年から　A4変型判／各47ページ

図書館用特別堅牢製本図書

ポプラ社はチャイルドラインを応援しています

18さいまでの子どもがかけるでんわ

チャイルドライン®

0120-99-7777

毎日午後**4**時〜午後**9**時　※12/29〜1/3はお休み

電話代はかかりません　携帯(スマホ)OK

18さいまでの子どもがかける子ども専用電話です。
困っているとき、悩んでいるとき、うれしいとき、
なんとなく誰かと話したいとき、かけてみてください。
お説教はしません。ちょっと言いにくいことでも
名前は言わなくてもいいので、安心して話してください。
あなたの気持ちを大切に、どんなことでもいっしょに考えます。

チャット相談はこちらから